撸猫

才是正经事

〔日〕石野孝 相泽爱 著

贾超 译

南海出版公司

被猫咪
治愈的
生活

新经典文化股份有限公司
www.readinglife.com
出　品

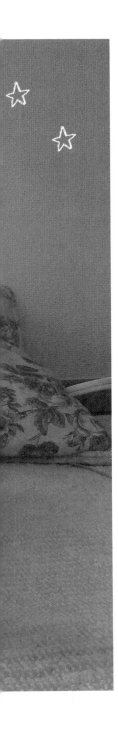

g

momo

tama

maru

thomas

colon

momone

chobo

i love cat ♥

family & friend

sleeping...

目 录

22　前言

chapter 1
有奇妙效果的按摩

23

24　阴阳说
26　五行说
28　经络和穴位
44　给猫咪按摩时的注意事项
46　基础按摩手法

chapter 2
淋巴按摩

55

56　淋巴系统
58　按摩四大淋巴结
62　面部按摩
66　前足穴位按摩
67　面部穴位按摩

chapter 3
放松身心的按摩

69

70　肩部酸痛
73　减肥
78　缓解精神紧张
81　延缓衰老，提高免疫力
84　提升精力

89 chapter 4

缓解病痛的按摩

90   排尿问题

94   肠胃问题

97   排便问题

100   睡眠问题

103   体力下降与倦怠

106   耳部问题

108   眼部问题

111   前足问题

113   后足问题

116   腰痛

120   膝关节问题

122   皮肤问题

125   感冒

专栏

54   关于减肥

68   猫咪的尾巴

88   用热毛巾按摩

前 言

近年来，随着宠物疾病预防技术的发展，猫咪饮食水平提升，以及生活环境室内化，猫咪的平均寿命在不断延长。现在，20几岁的猫咪并不稀奇，可以说它们已经进入了超高龄化社会。同时，由于和人类近距离生活，它们原本的生活方式发生了改变，患有肾功能不全、癌症等各类疾病的猫咪也在不断增加。随着医疗水平的进步，很多疾病都可以早发现、早治疗，但我们不能等猫咪生病了再想对策，平时就要积极预防。本书介绍的按摩手法对于保持猫咪的健康有着非常显著的作用。它融合了中国传统医学的经络穴位按摩和现代医学的淋巴按摩，看起来只是简单的抚摸动作，其实是对经络、穴位以及淋巴进行刺激。按摩可以起到辅助医疗作用，也可以预防疾病。让我们和健康长寿、精神饱满的猫咪一起生活吧。如果本书对你有所帮助，我们也会非常开心。

▶ chapter 1

有奇妙效果的按摩

阴阳说

开始给猫咪按摩之前，

先来了解一下东方传统医学的基础理论。

 万物皆有阴阳两面

　　中国古代有"阴阳说"，宇宙间存在的所有事物皆可划分为"阴"和"阳"，二者对立存在。

　　在自然界中，天为阳，地为阴。性别上，男为阳，女为阴。一日里，白天为阳，夜晚为阴。同时，在这些事物中，又分别存在着阴阳两面。比如，虽然男为阳，女为阴，但男性在激烈运动的时候为阳，安静休息的时候则为阴。也就是说，阴阳并不是一成不变的，它们会根据时间地点的变化而变化。我们可以通过维持阴阳间的微妙平衡达到稳定的状态。

● 主要的阴阳关系 ●

事物	阴	阳
宇宙	地	天
	月亮	太阳
日照	夜	昼
	背阴处	向阳处
季节	秋冬	春夏
温度	寒冷	炎热
性别	女	男
运动	下降	上升
	静止	运动

阴阳说和传统医学

阴阳说体现于很多领域，其中也包括传统医学。传统医学将人体划分为阴和阳，阴和阳的平衡被破坏时，人就会生病，而身体自行修复阴阳平衡的能力就是自愈力。按压穴位和按摩有助于提高自愈力。

● 人体的阴阳 ●

事项	阴	阳
上下	下半身	上半身
背与腹	腹部	后背
内外	内脏	体表
气血	血	气
冷热	感觉冷	感觉热
脉搏	迟缓微弱	急促有力
体味	小	大
内脏	实质性器官	中空性器官

● 阴症和阳症 ●

根据症状性质，可分为阴症和阳症。

阴症	阳症
生理反应不活跃、寒性	生理反应活跃、热性
怕冷	怕热
喜好温热的东西	喜好冷水
面色苍白	面色潮红
体温偏低	体温偏高
背、腰、颈部周围怕冷	舌尖赤红
脉象迟缓	脉象急促
尿频且颜色淡	尿频且量多
大便味小	大便臭

五行说

了解东方传统医学的

另一个基础理论——"五行说"。

五行说

"五行说"认为，金、木、水、火、土这5种元素是构成万物和各种自然现象的基础，同时五行说也与生物的身体、情绪紧密相关。人类、动物的五脏分别与五行对应，肝脏对应的是木，心脏对应的是火，脾脏对应的是土，肺对应的是金，肾脏对应的是水。情绪也可以用五行说来解释，喜对应的是木，乐对应的是火，怨对应的是土，怒对应的是金，哀对应的是水。

这就意味着，当肝脏机能下降，同样对应着木的眼睛和指甲就容易出现问题，情绪也会变得比较易怒。这时可以吃一些与木对应的酸性较强的食物，调节肝脏机能。

在传统医学看来，内脏、季节、颜色和五行紧密相关。在身体出现明显不舒服之前，易怒、对颜色喜好的变化等微小异样都是身体不适的信号。

●主要的阴与阳●

	五脏	五腑	五情	五官	五华	五味
木	肝脏	胆	喜	目	指甲	酸
火	心脏	小肠	乐	舌	面色	苦
土	脾脏	胃	怨	口	唇	甜
金	肺	大肠	怒	鼻	体毛	辣
水	肾脏	膀胱	哀	耳	头发	咸

五行的相生相克

五行在相互支撑、协调合作的同时，也相互对立，彼此制约。所谓对立关系，并不是消耗彼此的能量，而是抑制对方不产生过剩的能量，维持平衡状态。

●内脏的相生相克●

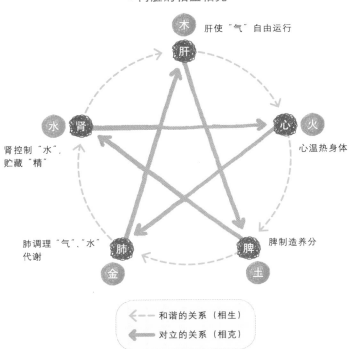

木
肝　肝使"气"自由运行

火
心　心温热身体

脾　脾制造养分
土

金
肺　肺调理"气"、"水"代谢

水
肾　肾控制"水"，贮藏"精"

- ← - - 和谐的关系（相生）
- ←━━ 对立的关系（相克）

经络和穴位

猫咪全身的经络和穴位

及其具体作用。

经络

在传统医学中，"经络"指人体内气血运行的通路，其中纵向的通路称为"经脉"，由经脉分出、分布于全身各个部位的分支称为"络脉"。气、血、水通过经络往复循环，维持身心平衡，保证身体机能正常运行。经络又分为"正经"和"奇经"，正经有十二条，包括肺经、大肠经、胃经、脾经、心经、小肠经、膀胱经、肾经、心包经、三焦经、胆经、肝经，分别对应五脏六腑，合称"十二经脉"。奇经有八条，合称"奇经八脉"，其中最为重要的是"督脉"和"任脉"。督脉主要调节阳经的气血，而任脉主要调节阴经的气血。

水

以淋巴液为代表，影响身体的免疫机能。水的运行出现阻滞时，猫咪足部的肉球会大量出汗，呼吸变得急促。体内水分不足时，猫咪会出现尿量增加、便秘、四肢冰凉的症状。

血

血作为调节身体的能量，参与体内循环与内分泌的运转。血不足时，会出现皮肤干燥、视力模糊、失眠等症状。血行滞怠时会出现肤色暗沉、肩部酸痛等症状。

气

气为生命之源。气与内脏功能关系密切，同时影响着消化吸收功能。气的循环受到阻滞时，容易出现疲劳、懒惰、乏力等症状。

十二经脉的循环

位于猫咪背部的经脉为阳经，位于腹部的经脉为阴经。经络从前肢太阴肺经开始到后肢少阳胆经结束，往复循环。

● 十二经脉的循环路线 ●

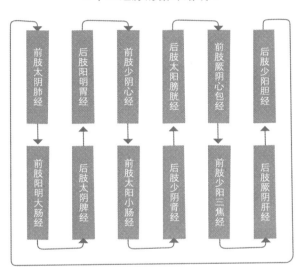

穴位

所谓穴位，是指气在经络上聚集的点位。传统医学认为，经络中运行的气、血、水发生滞怠时人就会生病。刺激穴位可以促进经络中滞怠的气、血、水恢复运行，提高免疫力。穴位疗法也可以应用在猫咪身上，帮助它们保持健康，这也是给猫咪按摩的主要目的。

前肢太阴肺经

| 流向 | 从头部开始，经腋下、前肢内侧，最后达到前足的第一个指关节。 |

| 主要作用 | 按摩前肢太阴肺经对缓解猫咪的呼吸系统疾病有一定作用。刺激猫咪前肢胫骨侧面的一些穴位有助于改善知觉和运动障碍。 |

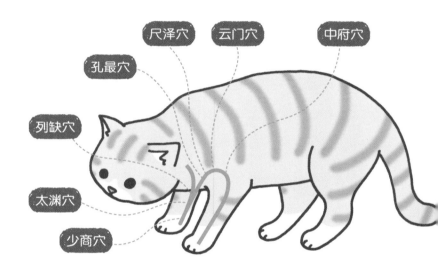

尺泽穴　云门穴　中府穴　孔最穴　列缺穴　太渊穴　少商穴

| 穴位数 | 11 个 |

主要穴位

- ●中府穴　主治 → 咳嗽、肩部和前肢疼痛
- ●云门穴　主治 → 前后肢冰冷
- ●尺泽穴　主治 → 咳嗽、发热、中暑
- ●孔最穴　主治 → 咽喉痛、前肢疼痛
- ●列缺穴　主治 → 颈部酸痛、面部麻痹
- ●太渊穴　主治 → 呼吸系统疾病、前肢疼痛
- ●少商穴　主治 → 呕吐、癫痫

前肢阳明大肠经

从前足食指内侧开始，经由前肢外侧、肩部，最后到达鼻两侧。

主要作用 对猫咪的面部、鼻、齿、喉部疾病有缓解作用。同时，还可以改善猫咪的皮肤病、运动障碍等，对于腹泻、腹痛也有一定疗效。

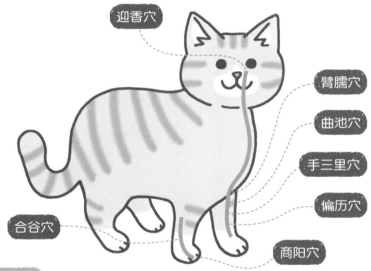

迎香穴

臂臑穴

曲池穴

手三里穴

偏历穴

合谷穴

商阳穴

穴位数 **20 个**

主要穴位
- ●商阳穴 　主治 → 感冒、中毒、腹痛、喉咙肿胀
- ●合谷穴 　主治 → 疼痛、结膜炎、便秘、流鼻涕、鼻塞
- ●偏历穴 　主治 → 排尿困难、视力障碍
- ●手三里穴 主治 → 腹痛、腹泻、牙痛、前足疼痛
- ●曲池穴 　主治 → 咽喉痛、肩周炎、结膜炎、重度中暑、高血压、消化器官疾病
- ●迎香穴 　主治 → 流鼻涕、鼻塞、发热、感冒
- ●臂臑穴 　主治 → 肩关节炎、眼部疾病

后肢阳明胃经

流向 从眼睛下方开始，经由胸部、腹部内侧，最后到达后足脚趾。

主要作用 按摩后肢阳明胃经对猫咪的面部、鼻、齿、喉部疾病有缓解作用。同时，还可以改善运动障碍和消化系统疾病。

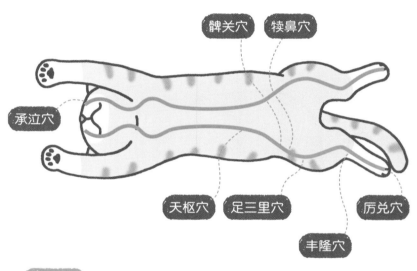

髀关穴　犊鼻穴

承泣穴

天枢穴　足三里穴　厉兑穴

丰隆穴

穴位数 45 个

主要穴位
- ●**承泣穴**　主治 → 眼部疾病、感冒
- ●**天枢穴**　主治 → 腹痛、子宫疾病
- ●**髀关穴**　主治 → 股关节疾病
- ●**犊鼻穴**　主治 → 膝关节疾病
- ●**足三里穴**　主治 → 消化器官疾病、咳嗽、产后恢复不良
- ●**丰隆穴**　主治 → 头晕、咳嗽、肠胃疾病
- ●**厉兑穴**　主治 → 中暑、便秘、腹痛

后肢太阴脾经

流向　从后足内侧开始，经由腰部内侧，到达腹、胸连接处。

主要作用　有助于恢复猫咪的后肢运动损伤。同时，还可以改善消化系统疾病。对于缓解母猫的妇科疾病也有一定效果。

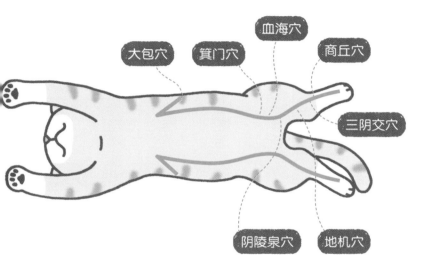

穴位数　*21* 个

主要穴位

- ●**商丘穴**　主治 → 腹痛、脚趾疼痛
- ●**三阴交穴**　主治 → 妇科病、泌尿系统疾病
- ●**地机穴**　主治 → 腹痛、膝关节疼痛
- ●**阴陵泉穴**　主治 → 尿路疾病、排尿困难
- ●**血海穴**　主治 → 腹痛
- ●**箕门穴**　主治 → 腰、股关节疼痛
- ●**大包穴**　主治 → 中毒、呼吸困难

前肢少阴心经

流向 从胸部开始，经由腋下、前肢内侧，到达前足小指内侧。

主要作用 按摩前肢少阴心经对猫咪的心脏、循环系统、神经及意识障碍的治疗有辅助作用。同时，还可以促进前肢运动损伤的恢复。

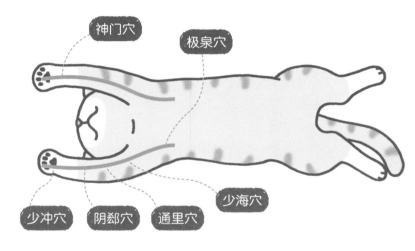

神门穴　极泉穴

少冲穴　阴郄穴　通里穴　少海穴

穴位数 *9* 个

主要穴位
- ●**极泉穴**　主治 → 前肢上部、肘关节疼痛
- ●**少海穴**　主治 → 心绞痛、肘关节疼痛、精神疾病
- ●**通里穴**　主治 → 咽喉痛、前肢疼痛
- ●**阴郄穴**　主治 → 前肢疼痛、小便失禁、尿血
- ●**神门穴**　主治 → 反常行为、痴呆症
- ●**少冲穴**　主治 → 发热、心绞痛

前肢太阳小肠经

流向 从前足小指外侧开始，经由前肢外侧、肩、颈，最后到达耳部。

主要作用 按摩前肢太阳小肠经对于猫咪的面部、耳部、神经及肌肉相关问题有改善作用。

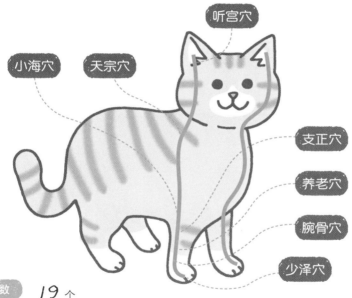

听宫穴

小海穴　天宗穴

支正穴

养老穴

腕骨穴

少泽穴

穴位数 *19* 个

主要穴位
- ●**少泽穴** 主治 → 发热、乳汁分泌不足、喉咙肿胀、结膜炎
- ●**腕骨穴** 主治 → 发热、前肢充血、肠胃炎
- ●**养老穴** 主治 → 腰痛、眼部充血
- ●**支正穴** 主治 → 肘关节疼痛、足部疼痛、发热
- ●**小海穴** 主治 → 肩部疼痛、背部疼痛、肘关节疼痛
- ●**天宗穴** 主治 → 肩部、前肢疼痛
- ●**听宫穴** 主治 → 耳部疾病、牙痛

后肢太阳膀胱经

流向 从内眼角开始，经由肩部内侧、腰部、膝盖内侧，最后到达后腿小趾外侧。

主要作用 按摩后肢太阳膀胱经主要对猫咪的眼部、后脑、背部、腰部疾病有缓解作用。同时，还可以辅助改善生殖系统问题，对于排尿障碍也有缓解作用。

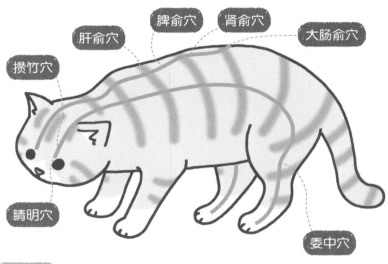

脾俞穴　肾俞穴　大肠俞穴　肝俞穴　攒竹穴　睛明穴　委中穴

穴位数 67 个

主要穴位
- ●**睛明穴**　主治 → 结膜炎、角膜炎
- ●**攒竹穴**　主治 → 头痛、头晕、鼻窦炎
- ●**肝俞穴**　主治 → 黄疸、眼部疾病、消化器官疾病
- ●**脾俞穴**　主治 → 呕吐、腹泻、贫血
- ●**肾俞穴**　主治 → 预防衰老、腰痛、消化不良、肾炎
- ●**大肠俞穴**　主治 → 肠炎、尿血、股关节疼痛
- ●**委中穴**　主治 → 腰痛、膝关节疼痛、消化不良

后肢少阴肾经

流向 从后肢内侧开始，经由膝关节内侧、腹部，最后到达胸部。

主要作用 按摩后肢少阴肾经对猫咪的足内侧损伤、股关节运动障碍有改善作用。同时，还可以缓解泌尿器官和生殖系统疾病。另外也有消除浮肿的效果。

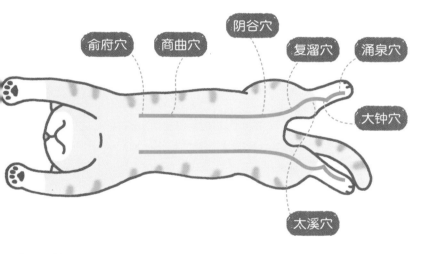

阴谷穴
俞府穴　商曲穴　复溜穴　涌泉穴
大钟穴
太溪穴

穴位数 27 个

主要穴位
- ●**涌泉穴** 主治 → 咽喉痛、排尿疾病、后肢疼痛
- ●**太溪穴** 主治 → 牙痛、糖尿病、性激素分泌紊乱、腰痛
- ●**大钟穴** 主治 → 食欲不振、腰痛、心绞痛
- ●**复溜穴** 主治 → 浮肿、腹泻、后肢疼痛
- ●**阴谷穴** 主治 → 腹痛、泌尿系统疾病、膝关节疼痛
- ●**商曲穴** 主治 → 腹痛、腹泻、便秘
- ●**俞府穴** 主治 → 胸痛、心脏病、膝关节疼痛

前肢厥阴心包经

流向　从胸部开始，最后到达前足小指内侧。

主要作用　按摩前肢厥阴心包经对猫咪的心脏、循环系统、精神障碍有缓解作用。同时有助于改善压力引发的身心疲惫。

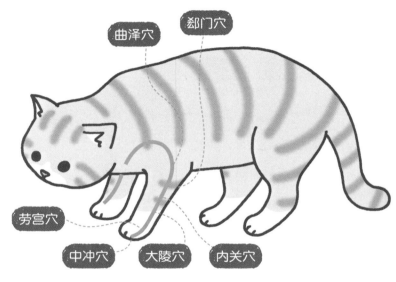

曲泽穴　郄门穴　劳宫穴　中冲穴　大陵穴　内关穴

穴位数　9个

主要穴位

- **曲泽穴**　主治 → 呕吐、肘部疼痛
- **郄门穴**　主治 → 胸痛、前肢疼痛
- **内关穴**　主治 → 呕吐、胸痛、发热、肘部疼痛
- **大陵穴**　主治 → 心绞痛、胸痛、呕吐
- **劳宫穴**　主治 → 口腔炎症、口臭、肘部疼痛
- **中冲穴**　主治 → 发热、中暑、烦躁

前肢少阳三焦经

流向　从前足无名指外侧开始，经由前肢外侧、肩部，最后到达眼部外侧。

主要作用　按摩前肢少阳三焦经对猫咪的面部、眼部、耳部疾病有缓解作用。同时，还可以改善胸、肋、后肢的知觉和运动障碍。对于浮肿、排尿障碍也有一定辅助疗效。

穴位数　23 个

主要穴位
- ●**关冲穴**　主治 → 结膜炎、咽喉痛、发热、爪部疼痛
- ●**液门穴**　主治 → 食欲不振、中毒
- ●**外关穴**　主治 → 便秘、前肢疼痛、发热、肩周炎
- ●**臑会穴**　主治 → 便秘、前肢疼痛
- ●**翳风穴**　主治 → 耳鸣、牙痛、面部神经麻痹
- ●**耳门穴**　主治 → 外耳炎、腹痛、感冒
- ●**丝竹空穴**　主治 → 头痛、口部歪斜

后肢少阳胆经

流向 从眼部外侧开始，经由肩部下侧、身体两侧，最后到达后足内侧。

主要作用 按摩后肢少阳胆经对猫咪的头部、眼部、耳部疾病有缓解作用。同时，还可以改善后肢运动障碍。

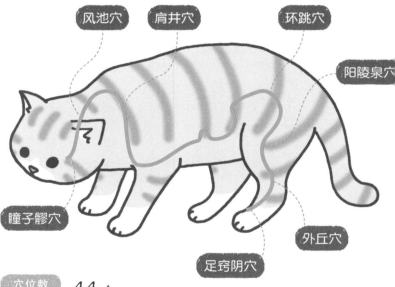

风池穴　　肩井穴　　环跳穴

阳陵泉穴

瞳子髎穴

外丘穴

足窍阴穴

穴位数 **44** 个

主要穴位
- ●瞳子髎穴　主治 → 结膜炎、视力减退、神经疾病
- ●风池穴　　主治 → 睡眠障碍、青光眼、鼻塞、感冒
- ●肩井穴　　主治 → 肩周炎、难产
- ●环跳穴　　主治 → 腰痛、股关节疼痛
- ●阳陵泉穴　主治 → 膝关节疼痛、呕吐、肝脏疾病
- ●外丘穴　　主治 → 后肢僵硬、颈部僵硬
- ●足窍阴穴　主治 → 耳部疾病、发热、中暑

后肢厥阴肝经

流向　从后足内侧开始经由腹部，最后到达胸部。

主要作用　按摩后肢厥阴肝经对猫咪的后肢损伤、运动障碍有缓解作用。同时，还可以改善生殖系统和妇科问题。

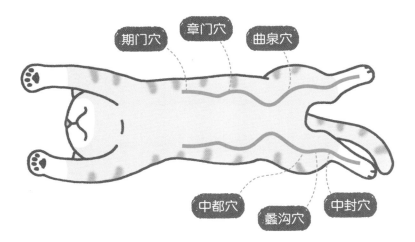

期门穴　章门穴　曲泉穴

中都穴　蠡沟穴　中封穴

穴位数　*14* 个

主要穴位
- **中封穴**　主治 → 腹痛、排尿困难、后肢麻痹
- **蠡沟穴**　主治 → 膀胱炎、疝气、后肢疼痛
- **中都穴**　主治 → 腹泻、生殖系统疾病
- **曲泉穴**　主治 → 子宫疾病、膀胱炎、膝关节疼痛
- **章门穴**　主治 → 腹痛、腹泻、呕吐
- **期门穴**　主治 → 黄疸、结膜炎、角膜炎、腋下疼痛

督脉

流向 从尾巴根部开始，经由后背上行，最后到达口部上方。

主要作用 督脉统摄控制着身体内的"阳气"。在督脉上，位于头顶的穴位具有镇静作用，位于背部的穴位可以调节呼吸系统。按摩背部中间的一些穴位对消化系统、泌尿系统、腰痛等有改善效果。

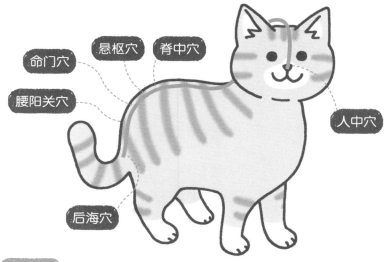

穴位数 *28* 个

主要穴位
- ●**后海穴** 主治 → 便秘、腹泻、脱肛、生殖系统病症
- ●**腰阳关穴** 主治 → 腰、股关节疾病，性功能减退、破伤风、子宫内膜炎
- ●**命门穴** 主治 → 腰痛、尿闭症、肾炎、破伤风
- ●**悬枢穴** 主治 → 腰背痛、消化系统障碍
- ●**脊中穴** 主治 → 脊椎疾病、黄疸、出血性疾病、脾胃疾病、食欲不振
- ●**人中穴** 主治 → 休克、支气管炎、中暑、感冒

任脉

流向 从臀部开始，经由腰腹部，最后到达口部下方。

主要作用 任脉统摄阴经，控制身体内的"阴气"。按摩位于下腹部的一些穴位对猫咪的泌尿生殖系统、妇科疾病有辅助改善作用，按摩腹部的一些穴位对消化系统疾病有一定疗效。

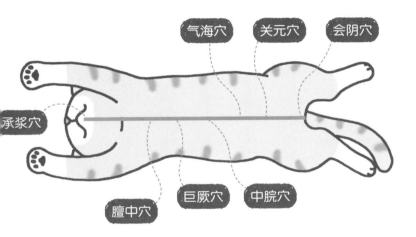

气海穴　关元穴　会阴穴

承浆穴

膻中穴　巨厥穴　中脘穴

穴位数 24 个

主要穴位
- ●**会阴穴** 主治 → 排尿困难、性激素失调
- ●**关元穴** 主治 → 生殖系统病症、膀胱炎
- ●**气海穴** 主治 → 妇科病、疝气、便秘、腹泻
- ●**中脘穴** 主治 → 食欲不振、肥胖、消化不良
- ●**巨厥穴** 主治 → 咳嗽、腹痛、呕吐
- ●**膻中穴** 主治 → 心力衰竭、肺炎、咳嗽、支气管炎
- ●**承浆穴** 主治 → 面部浮肿、牙周炎、牙痛

给猫咪按摩时的注意事项

在给猫咪做按摩之前

请牢记以下几点。

按摩有什么作用

按摩不仅适用于猫咪患病或身体不适时，还可以运用在日常保健中。主人要注意观察猫咪的身体和心理状态，帮助猫咪保持身心健康。通过按摩可以促进猫咪的血液循环，让细胞搬运更多的氧气，有效代谢废物。同时，给猫咪做按摩可以增加互动，加深我们与猫咪之间的信任，和猫咪成为亲密的朋友。

给猫咪按摩的基础

1.

按摩时先放松

当猫咪有炎症、肿块、外伤、骨折等情况时严禁按摩。猫咪发热、休克、妊娠、空腹和餐后要控制按摩强度。当猫咪表现出厌恶时，按摩反而会造成精神压力。因此，在你和猫咪都放松的时候再为它们按摩吧。

建立按摩习惯

初次按摩时，不要将自己的意愿强加于猫咪。应该循序渐进，让猫咪逐渐习惯。

3.

不要弄伤猫咪

修剪好自己和猫咪的指甲。事先摘掉戒指、手表、手链等饰物。

4.

观察猫咪的状态

不仅要找准按摩穴位，还要有意识地观察猫咪的状态和反应。

5.

观察猫咪反应

如果猫咪表现得很舒服，那就是按摩的最佳状态。若它出现不情愿的表情，就停止按摩吧。

6.

可以通过自己的身体体会按摩效果

可以按摩自己身上相同的穴位，体验按摩的感觉和效果。这样能更好地了解猫咪的心情。

按摩是保健

切记不可以替代医院治疗。

7.

8.

要投入感情

按摩不仅是保健，还应该饱含爱意。

基础按摩手法

本书共介绍了 7 种基础按摩手法，

让我们一起来练习吧。

1.

抚 摸

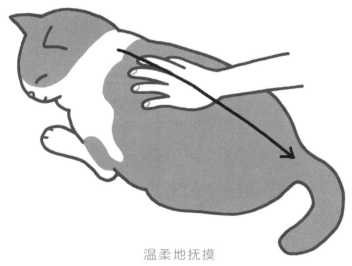

温柔地抚摸

将手当作刷子，顺着猫咪的身体和毛的走向按摩。开始时
手法要轻柔缓慢，猫咪习惯后再一点点加大力度和速度。
按摩时，除拇指外，其他四指并拢，动作要像爱抚一样温柔。

1. 用拇指按揉

稍稍用力就好。

2. 用其他四指抚摸

力度比用拇指按揉时
轻一些。

3. 用掌根抚摸

用力抚摸。

4. 用整个手掌抚摸

适用于大面积按摩。

2.

画 圈

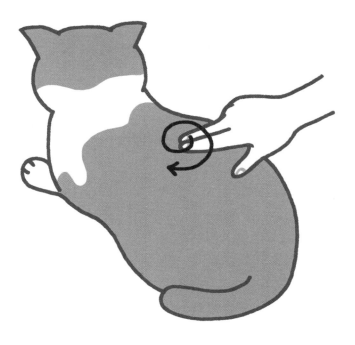

顺时针画圈

按摩时，用食指或食指和中指一起，像写日文中的"の"一样画圈。这种手法适用于按摩特定位置。

3.

按 揉

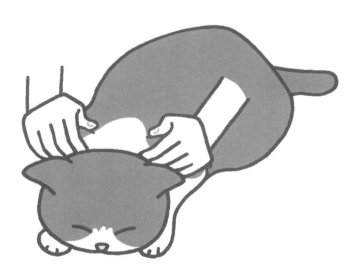

像夹东西一样按揉

用大拇指和食指或再加上中指，夹住要按摩部位来回按揉，就像我们按揉肩部一样。主要用于按摩头部与背部之间肌肉较多的区域，放松僵硬的肌肉。

4.

指　压

point

用食指按压穴位，一边默数 1、2、3，一边慢慢加大按压力度，保持 3～5 秒。然后再次默数 1、2、3，同时慢慢减小力度，移开手指。

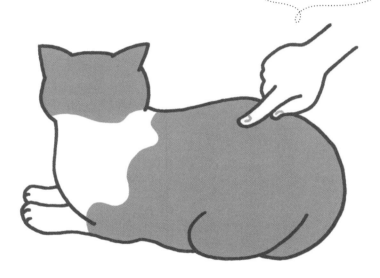

用手指刺激穴位

用手指施力，对穴位进行刺激。一般用食指的指腹进行按摩。按摩脚趾等细小部位时，也可以使用棉棒。

5.

拍 打

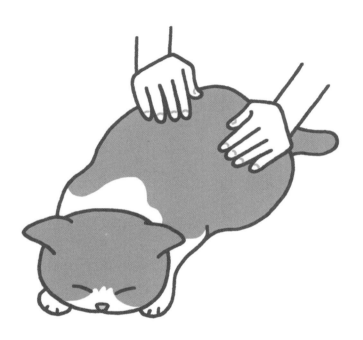

不要用力，力度轻柔

五指并拢，轻轻向手掌方向弯曲，用这个手势扣打猫咪的
身体会发出"嘭，嘭"的声音，但是动作要轻。也可以握
拳轻轻敲打，注意不要用力。

有奇妙效果的按摩

第 1 章

6.

提 拉

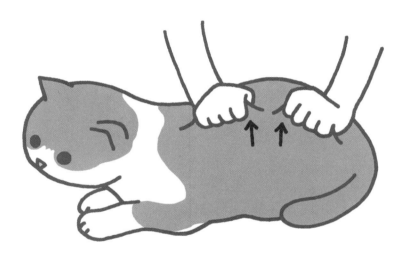

捏住皮肤提拉

捏住猫咪的皮肤，向上提拉。猫咪的皮肤是身体天然的屏障，需要好好放松。相较于人类皮肤，猫咪的皮肤及皮下组织更加发达，特别是背部，分布着众多经络和穴位。经常按摩能起到很好的放松作用。

7.

扭 转

边提拉边扭转

捏住猫咪的皮肤，轻轻提拉，然后顺时针或逆时针扭转，
这样按摩有安抚效果，能促进血液循环。注意力度，不要
用力拧。

专栏

关于减肥

　　总感觉"我家猫主子最近又胖了……"，不过不科学的减肥非常危险，不可盲目进行。认真观察猫咪身体的后半部分，如果看不到腰线就要多加留意了。猫咪的理想减重速度是每周减去体重的 1% ~ 2%。如果增加运动和按摩都没有效果，可以减少喂食量，或每日分 4 ~ 6 次喂食。为避免因食量减少引发营养不足，请咨询宠物医院。

▶ chapter 2

淋巴按摩

淋巴系统

配合穴位按摩

促进淋巴循环

 淋巴系统的结构

在动物体内，有无数成网状分布的淋巴管。淋巴管内流动着淋巴液，淋巴管汇聚的地方是淋巴结。淋巴结分布在猫咪全身，如颈部、腋下等，如米粒大小，但也会有个体差异。猫咪全身大约有 800 个淋巴结。

淋巴循环受阻的原因

运动量不足，身体就无法对淋巴管产生适度的压力，不利于淋巴循环排毒。感觉寒冷或体温偏低时，血液流通自然减缓；疲劳时，血管收缩，肌肉紧张，这些都会影响淋巴循环。此外，排尿次数减少、盐分摄入过多，以及年龄增长也会导致淋巴循环受阻。

淋～巴～

﹛ 四大淋巴结和淋巴循环的终点 ﹜

淋巴按摩的重点为淋巴结汇集的部位和淋巴循环的终点。四大淋巴结包括颈部淋巴结、腋下淋巴结、腹股沟淋巴结和腘窝淋巴结。它们都位于身体较隐蔽的凹窝处，靠近体表，分布密集。淋巴循环的终点位于左肩胛骨前缘。

颈部淋巴结

颈部淋巴循环不佳，很容易导致面部浮肿。如果同时还患有外耳炎和口腔炎，会很难治愈。

腹股沟淋巴结

下半身的淋巴液会在这里汇入主动脉。如果腹股沟淋巴循环不佳，就很容易出现下半身浮肿、皮肤松弛等问题。

淋巴循环的
终点

腋下淋巴结

腋下淋巴结疼痛通常是感冒的前兆。

腘窝淋巴结

此处淋巴循环不畅，会出现膝关节疼痛、脚痛、站立不稳等症状。

按摩四大淋巴结

　　开始全身按摩之前，应当先按摩淋巴结。哺乳动物体内有像网一样分布在身体各处的淋巴管，淋巴管汇聚的地方形成淋巴结。第57页介绍了猫咪体内的四大淋巴结，每天按摩可以帮助猫咪缓解身体疲劳、加快废物代谢、提高免疫力，从而预防疾病。

左右
各6～10次

1 按摩淋巴循环终点

拇指张开，另外四指并拢，轻柔地
按摩淋巴循环终点（左肩胛骨前缘），
让淋巴液顺利汇入全身最大的两条
淋巴导管，进入血液循环系统。

2 按摩颈部淋巴结

拇指张开，另外四指并拢，从脸颊开始按摩至颈部，手法要轻柔。一边想象淋巴液在循环，一边轻柔地由颈部按摩至肩部。

3 按摩背部

五指并拢，自然向掌心弯曲，轻轻扣打背部，让猫咪全身轻微震动。

左右
各6～10次

4

从肩部按摩至前肢

从肩部开始画圈按摩至前脚指尖。

淋巴按摩

第2章

左右
各6～10次

5

按摩腋下淋巴结

从猫咪的背部开始，双手画圈按摩至腋下。将食指放于腋下，轻轻握住前肢按摩。

左右
各6～10次

6

按摩腹股沟淋巴结

从猫咪的背部开始，双手画圈按摩至后腿内侧。用手指的第二关节轻轻按揉腹股沟淋巴结。

7

按摩腘窝淋巴结

用双手拇指、食指和中指上下交错握住后腿膝关节，双手交替按摩腘窝淋巴结。

左右
各6～10次

面部按摩

代谢废物囤积是导致面部浮肿的主要原因。这些代谢废物主要集中在下颌淋巴结处。借助按摩可以帮猫咪加速排出代谢废物。

1 按揉面部

用双手大拇指从猫咪的嘴角开始向耳根按揉。还可以用这一手法从鼻子两侧、眼睛下方、眉毛内侧开始向耳根按摩。

重复6～10次

2 从耳后向颈部按摩

从耳后方开始，画圈按摩至颈部。

左右各6～10次

左右
各6〜10次

3 按揉耳根

用拇指和食指按揉耳根。

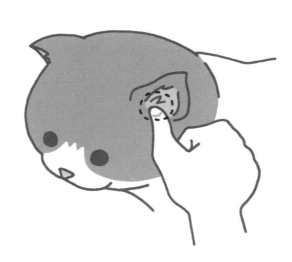

4 按摩太阳穴

太阳穴位于眼眶外侧，用拇指画圈按摩。

左右
各6〜10次

重复6～10次

5

按摩攒竹穴

用双手的拇指按揉位
于眉头处的攒竹穴。

左右
各6～10次

6

按摩肩井穴

用拇指以外的四指上
下移动按压位于肩胛
骨前侧左右两边凹陷
处的肩井穴。

7 面部提拉按摩

用第 52 页介绍的提拉手法按摩面部。

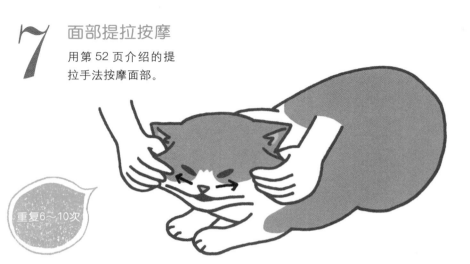

重复6～10次

重复6～10次

8 提拉廉泉穴

提拉按摩喉结上部的廉泉穴。

前足穴位按摩

猫咪的前足有很多穴位，

以下是其中的一部分。

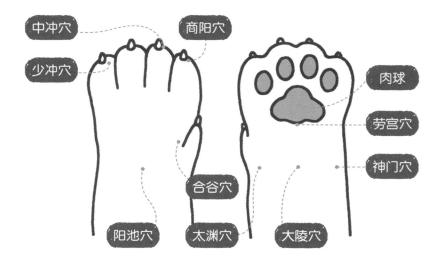

- ●**少冲穴**　位于第五指内侧的指甲旁。
- ●**中冲穴**　位于第三指内侧的指甲旁。
- ●**商阳穴**　位于第二指内侧的指甲旁。
- ●**合谷穴**　位于第一指与第二指连接处。
- ●**阳池穴**　位于前足正面的中央。
- ●**太渊穴**　位于第一关节根部的凹陷处。
- ●**大陵穴**　位于前脚踝内侧的中央。
- ●**劳宫穴**　位于前足肉球根部。
- ●**神门穴**　位于前足第五指指根的凹陷处。

淋巴按摩

第2章

面部穴位按摩

按摩面部穴位对于消除浮肿和
缓解眼部疲劳有很好的效果。

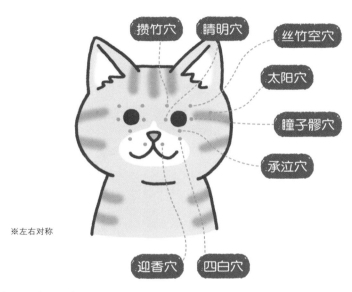

攒竹穴　睛明穴　丝竹空穴　太阳穴　瞳子髎穴　承泣穴　迎香穴　四白穴

※左右对称

- ●**睛明穴**　位于眼头。
- ●**攒竹穴**　位于睛明穴上方，眉头处。
- ●**丝竹空穴**　位于眉尾。
- ●**瞳子髎穴**　位于眼尾。
- ●**承泣穴**　位于眼睛正下方。
- ●**四白穴**　位于承泣穴下方。
- ●**迎香穴**　位于鼻孔外侧。
- ●**太阳穴**　位于眉毛外侧下方的凹陷处。

专 栏

猫咪的尾巴

尾巴是暗示猫咪心情的晴雨表，读懂尾巴传递
的信息可以帮助我们选择与猫咪相处的恰当方式。
尾巴悠闲地摆动，说明猫咪很放松，情绪稳定。如果尾
巴频繁地摇动，频率很快，则说明它处于激动、兴奋的状
态中。悠闲时光被打扰时，猫咪会用尾巴〝啪、啪〞地用力
扫打地板。如果极度紧张或受到惊吓，尾巴上的毛会炸起来，
以威吓对方。

► chapter 3

放松身心的按摩

肩部酸痛

　　猫咪不会向你抱怨"肩膀好酸啊"，但是，它们和我们一样会出现肩部酸痛的情况。帮猫咪按揉肩部时它们常常表现得很享受。猫咪也有锁骨，但功能早已退化，因此连接躯干和前肢的肌肉比人类相同位置的肌肉承受着更多负担。这也是引发它们身体和眼部疲劳、肩部酸痛，以及其他问题的原因之一。

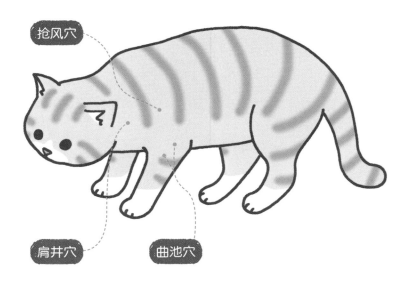

- **肩井穴**　位于肩胛骨前侧左右两边的凹陷处。（左右各一个）
- **曲池穴**　位于前肢外侧，肘关节弯曲时出现的横纹外端凹陷处。（左右各一个）
- **抢风穴**　位于肩关节后侧的凹陷处。（左右各一个）

缓解肩部酸痛的基础按摩

左右
各6～10次

1 顺着肩部向下捋

从猫咪后背肩胛骨处开始，沿背部向下捋。

左右
各6～10次

2 按摩肩井穴

用食指、中指、无名指按压猫咪的肩井穴。
握住猫咪前肢轻柔地向前拉伸，然后画圈。

左右各8次

3 按压抢风穴

用手指按压猫咪左右两侧的抢风穴。

4 按摩颈部

找到颈部后侧的颈韧带，
用手从上到下按摩。

左右
各6～10次

左右各8次

5 按压曲池穴

用手指按压左右两侧的曲
池穴。

6 提拉督脉

用双手提拉猫咪后背。

重复
6～10次

减肥

在日本，有大约 40% 的猫咪存在肥胖问题。引发肥胖的原因有很多，例如绝育、饮食无节制、精神紧张等。肥胖是引发腰痛、特应性皮炎、心力衰竭、糖尿病、癌症等疾病的重要原因。为了帮助猫咪控制好体重，首先要注意减少糖和高脂肪食物的摄入，同时配合按摩。

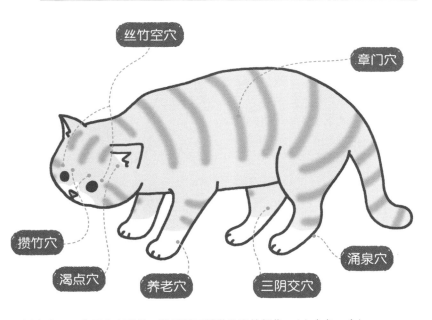

- ●渴点穴　　位于左右耳前，脸部侧面微微凸出的部位。（左右各一个）
- ●三阴交穴　位于后肢踝关节内侧与膝关节连线的下 2/5 处。
- ●养老穴　　位于前足小指外侧到前脚踝连线上一块凸起的骨头旁边的凹陷处。
- ●涌泉穴　　位于后足肉球根部。（左右各一个）
- ●章门穴　　沿胸部向下找到最后一根肋骨，沿肋骨分别向两侧平移，位于侧腹凸起处。
　　　　　　（左右各一个）
- ●攒竹穴　　位于眉头。（左右各一个）
- ●丝竹空穴　位于眉尾。（左右各一个）

内分泌紊乱引起的肥胖

1 按摩腹部

顺时针慢慢按摩腹部。

重复6～10次

2 按摩腹股沟淋巴结

用手掌从外向内按摩腹股沟淋巴结。

左右各6～10次

重复6～10次

3 提拉督脉

双手提拉背部，同时配合捏拿，左右轻柔扭转。

4 按压三阴交穴

用手指按压后肢内侧的三阴交穴。

左右各8次

5

重复
6～10次

按压养老穴

用手指按压前足外侧的养老穴。

水肿引起的肥胖

重复
6～10次

1

按摩腹部

顺时针慢慢按摩腹部。

2

按摩膀胱经

从猫咪后足内侧向后腿根部按摩。

左右
各6～10次

3 按揉膀胱经

用拇指和食指从膝盖后方按揉至后脚跟处。

左右
各6～10次

左右
各6～10次

4 按压涌泉穴

按压位于后足的涌泉穴，用拇指向趾尖方向推。

左右
各6～10次

5 按压渴点穴

用拇指或食指按压渴点穴。

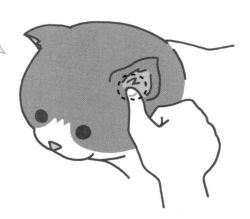

精神紧张引起的肥胖

重复
6～10次

1 按摩腹部

顺时针慢慢按摩腹部。

2 按摩侧腹

从肋骨下缘按摩至侧腹。

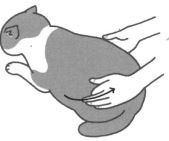

重复
6～10次

左右
各6～10次

章门穴

3 按压章门穴

用手指轻轻按压位于侧腹的章门穴。

4 从攒竹穴按摩至丝竹空穴

用拇指或食指从眉头的攒竹穴按摩至眉尾的丝竹空穴。

重复
6～10次

缓解精神紧张

精神紧张时，动物体内会分泌一种叫作皮质醇的肾上腺皮质激素。皮质醇水平过高容易造成脂肪堆积，影响具有抑制食欲作用的激素分泌，导致肥胖。猫咪对环境的变化非常敏感，很容易紧张。若紧张情绪一直无法排解，猫咪可能会表现出攻击性，不再定点排泄，也容易诱发其他疾病。一起来试试利用按摩帮猫咪减压吧。

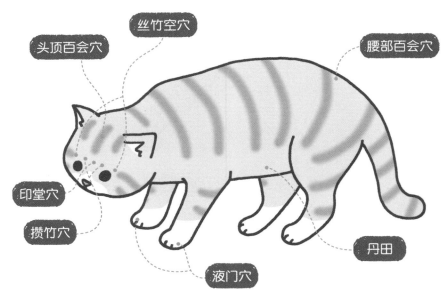

●**攒竹穴**　　位于眉头。（左右各一个）

●**丝竹空穴**　位于眉尾。（左右各一个）

●**头顶百会穴**位于两耳根部连线与后背中线的交汇处。

●**腰部百会穴**位于骨盆横向最宽处连线与脊椎交汇的凹陷处。

●**印堂穴**　　位于左右攒竹穴之间。

●**液门穴**　　位于前足第四指与第五指之间。（左右各一个）

●**丹田**　　　肚脐下方。

78

1

从攒竹穴按摩至
丝竹空穴

用拇指或食指从眉头的攒
竹穴按摩至眉尾的丝竹空
穴。

重复
6～10次

重复
6～10次

2

从印堂穴按摩至
头顶百会穴

用双手包住猫咪头部，然
后用拇指从鼻端向头顶按
摩。

3

提拉脸颊

用双手提拉脸颊的皮肤，
感觉猫咪像在咧嘴笑一样。

重复
6～10次

4 按压液门穴

用手指按压位于前足的
液门穴。

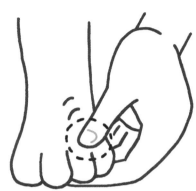

5 按揉丹田

画圈按揉肚脐下方的丹
田。按揉时想象着猫咪
的紧张感全部集中在丹
田，随着按摩逐渐消散。

重复
6～10次

用牙刷按摩

就像写日文中的"の"那样，
用牙刷按摩猫咪的后足。这
里有辅助治疗失眠的穴位，
可以让猫咪保持心情平静。

延缓衰老，提高免疫力

　　动物医疗的发展使得很多疾病可以在早期得到发现并治疗，主人对自家猫咪健康的关注度也在不断提高，这让猫咪的平均寿命明显延长。不过，如果没有健康的身体和高质量的生活，那么单纯的延长寿命并无太大意义。传统医学认为，肾功能衰弱会导致精力减退，猫咪会因此变得萎顿。在猫咪生病或免疫力低下时，科学的按摩可以帮助它们维持精力，延缓衰老。

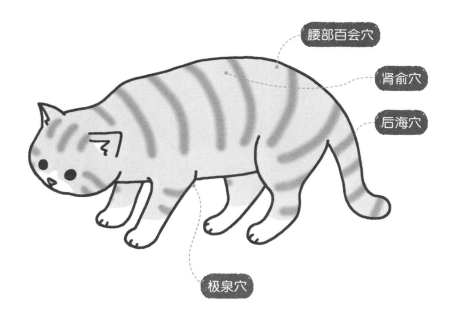

- ●**极泉穴**　　　位于前肢腋下。（左右各一个）
- ●**肾俞穴**　　　从最后一根肋骨对应的脊椎骨向后数两节，肾俞穴就位于这块脊椎骨的两侧。（左右各一个）
- ●**后海穴**　　　位于肛门和尾巴根部之间的凹陷处。
- ●**腰部百会穴**　位于骨盆横向最宽处连线与脊椎交汇的凹陷处。

放松身心的按摩

1 按摩前肢

慢慢按摩位于前肢内侧的前足三阴经 ※，从前爪按摩至腋下。

左右
各6～10次

2 按揉腋下淋巴结

用手按揉腋下的淋巴结。

左右
各6～10次

左右
各6～10次

3 提拉极泉穴

提拉位于腋下的极泉穴。

※ 即第 30 页、34 页、38 页介绍的 3 条经脉。

重复8次

4

按揉肾俞穴

用拇指和食指或加上中指，按揉猫咪脊椎左右两侧的肾俞穴。

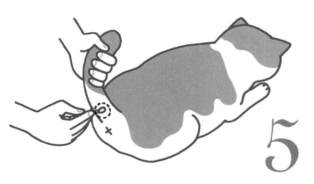

重复3～5次

5

按压后海穴

用棉棒按压猫咪的后海穴。

头顶百会穴

督脉

重复
6～10次

6

从腰部百会穴到头顶百会穴，轻柔提拉

沿着督脉的循行路线，用双手提拉腰部百会穴和头顶百会穴连线之间的皮肤。

腰部百会穴

提升精力

　　猫咪和人类一样，长时间处于紧张或疲劳状态时，会出现经络不通畅、淋巴循环受阻等问题。心情低落、生活环境改变或主人家庭成员的变化，都可能会影响猫咪的精神状态。这时，可以试试通过按摩来疏通经络、改善淋巴循环，唤醒猫咪的身体能量。

四神聪穴

解溪穴　　井穴

- ●**四神聪穴**　以两耳之间的连线与鼻尖到头顶之间连线的交汇处为基点，位于周围的 4 个穴位。
- ●**井穴** ※　　位于前后脚指／脚趾间的凹陷处。
- ●**解溪穴**　　位于后肢膝关节凹陷处。

※ 不同于中国传统医学中的"十二井穴"。

提升精力的按摩

1 按摩腹部

顺时针慢慢按摩腹部。

重复
6～10次

重复
6～10次

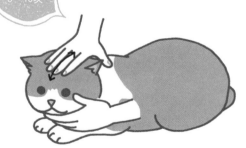

2 按摩头部

用手前后来回抚摸头顶。

重复
6～10次

3 提拉四神聪穴

用双手纵向、横向提拉头顶的四神聪穴。

4 按摩前肢

左右
各6～10次

轻柔按摩前肢内侧，从前足按至肘关节处，疏通前足三阴经。

左右
各6～10次

5 按压井穴

捏住前后脚指球／趾球两侧的井穴，边按压边抻拉脚指／脚趾。

6 按压解溪穴

用棉棒按压后肢的解溪穴。

提升注意力

1 轻抚后脑

用手轻抚猫咪后脑和整个颈部。

左右
各6~10次

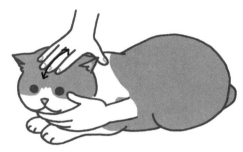

左右
各6~10次

2 按压头部两侧

按压眼部两侧，画圈按摩。

左右
各6~10次

3 按摩颈部

从颈部两侧向下按摩至前肢，左右交替进行。

专栏

用热毛巾按摩

用热毛巾给猫咪按摩可以同时清洁身体，一举两得。先准备一条旧毛巾，浸泡在温热的水中，浸透后用力拧干，抖开散一散热，避免温度过高。用毛巾轻柔仔细地擦拭猫咪后颈部、腰部、腹部和四肢，最后包裹住猫咪的后足，温暖脚掌。这时，用手握住脚踝，效果更好。

▶ chapter 4

缓解病痛的按摩

排尿问题

    猫咪也会出现尿频、多尿、无尿、尿血、尿不尽等情况，特别是绝育之后的公猫。室内饲养、肥胖、喜欢吃含水量低的干猫粮、神经敏感、季节变化都可能引起排尿问题，其根源在于肾与膀胱湿热蕴结。通过清热利湿，就可以改善。

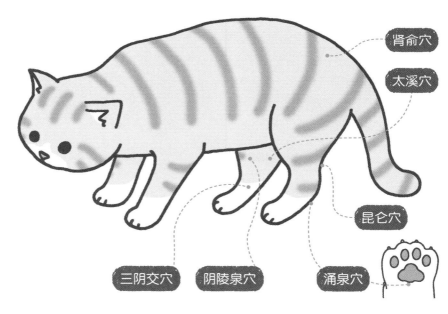

肾俞穴

太溪穴

昆仑穴

三阴交穴　　阴陵泉穴　　涌泉穴

- ●**三阴交穴**　　位于后肢踝关节内侧与膝关节连线的下 2/5 处。（左右各一个）
- ●**涌泉穴**　　　位于后足肉球根部。（左右各一个）
- ●**阴陵泉穴**　　位于后肢内侧三阴交穴正上方、膝关节下方的凹陷处。（左右各一个）
- ●**太溪穴**　　　位于后肢内侧踝关节后侧与跟腱之间的凹陷处。（左右各一个）
- ●**昆仑穴**　　　位于后肢外侧踝关节后侧与跟腱之间的凹陷处。（左右各一个）
- ●**肾俞穴**　　　从最后一根肋骨对应的脊椎骨向后数两节，肾俞穴就位于这块脊椎骨的两侧。（左右各一个）

清热利小便的基础按摩

1 按摩腹部

顺时针慢慢按摩腹部。

重复
6～10次

左右
各6～10次

2 按摩后肢三阳经

从大腿外侧向下按摩至脚趾。

左右
各6～10次

3 从肋骨按摩至后肢

从最后一根肋骨按摩至大腿。

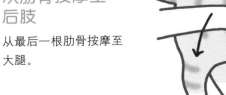

4 按揉腹股沟淋巴结

从外向内按摩腹股沟淋巴结。

左右
各6～10次

5 按压背部肾俞穴

用手指按压背部的肾俞穴。

左右
各6～10次

左右
各6～10次

6 按压后肢三阴交穴

用手指按压位于后肢内侧的三阴交穴。

第4章 缓解病痛的按摩

按压后肢涌泉穴

用拇指向趾尖方向按压后足的涌泉穴。

左右
各6～10次

左右
各6～10次

按压后肢阴陵泉穴

用手指按压后肢内侧的阴陵泉穴。

左右
各6～10次

按揉后肢

按揉后肢的太溪穴和昆仑穴。

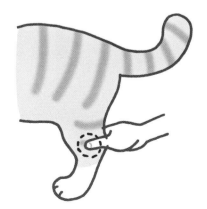

肠胃问题

　　猫咪的腹腔集中了肝脏、胆囊、胃、十二指肠、大肠、小肠、膀胱等重要器官。相比人类，它们更容易出现腹痛、腹泻、便秘、呕吐等问题。出现呕吐或消化不良时，可以通过按摩调节消化系统中的体液循环，恢复健康状态。

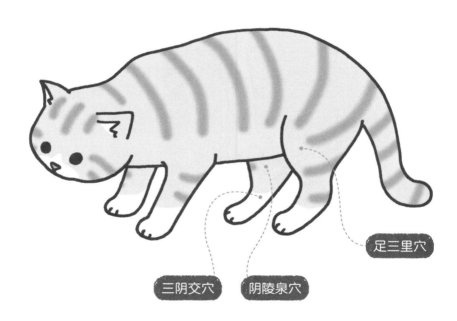

足三里穴

三阴交穴　　阴陵泉穴

- **三阴交穴**　　位于后肢踝关节内侧与膝关节连线的下 2/5 处。（左右各一个）
- **足三里穴**　　位于后肢踝关节外侧与膝关节连线的上 1/4 处。（左右各一个）
- **阴陵泉穴**　　位于后肢内侧三阴交穴正上方、膝关节下方的凹陷处。（左右各一个）

撸猫才是正经事

〔日〕石野孝 相泽爱 著
贾超 译

左右
各6~10次

1

按摩腰部

用双手掌心从尾部向肩胛
骨方向按摩。

重复
6~10次

2

按摩腹部

顺时针慢慢按摩腹部。

重复
6~10次

3

画十字按摩腹部

以肚脐为中心，以画十字
的方式按摩腹部。

4 按压足三里

用手指按压后肢外侧的足三里穴。

左右
各6～10次

左右
各6～10次

5 按压后肢阴陵泉穴

用手指按压后肢内侧的阴陵泉穴。

左右
各6～10次

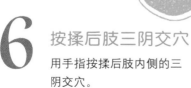

6 按揉后肢三阴交穴

用手指按揉后肢内侧的三阴交穴。

排便问题

　　猫咪和人类一样，也会有便秘、软便、腹泻等问题，引起排便问题的原因很多，比如少食、偏食、水分摄入不足、运动量过少、精神紧张和肥胖等。高龄猫咪更容易出现这类状况。传统医学认为，刺激相应的穴位可以缓解腹泻和便秘。下面就来了解一下相关的穴位和按摩手法。

- **大肠俞穴**　位于腰椎两侧。（左右各一个）
- **小肠俞穴**　位于大肠俞穴垂直向下与盆骨两端连线的交汇处。（左右各一个）
- **足三里穴**　位于后肢踝关节外侧与膝关节连线的上 1/4 处。（左右各一个）

1 按摩腹部

顺时针按摩腹部。

重复
6～10次

左右
各6～10次

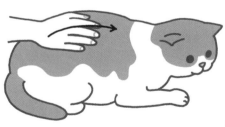

2 按摩背部

将双手放于腰部，向肩胛骨方向按摩。

左右
各6～10次

3 按摩腋下淋巴结

用指关节按摩腋下淋巴结。

按压大肠俞穴和小肠俞穴

用手指按压大肠俞穴和小肠俞穴。腹泻时手法要轻柔，便秘时要稍稍用力。

左右
各6～10次

按压足三里穴

用手指按压后肢外侧的足三里穴。

左右
各6～10次

用牙刷按摩

用牙刷在猫咪腹部像写日文中的"の"一样进行按摩。任脉位于腹部的中轴线上，经常按摩可以调节肠胃功能。

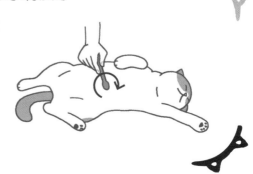

睡眠问题

　　造成猫咪失眠的原因有很多，精神紧张是常见原因之一。如果猫咪经常独自在家或生活环境有所改变，还会出现过早醒来、昏沉、嗜睡等症状。高龄猫咪甚至可能出现痴呆症或作息昼夜颠倒。通过按摩则可以改善上述问题。按摩能促进血液流通，缓解精神紧张，让大脑得到充分休息，提高睡眠质量。

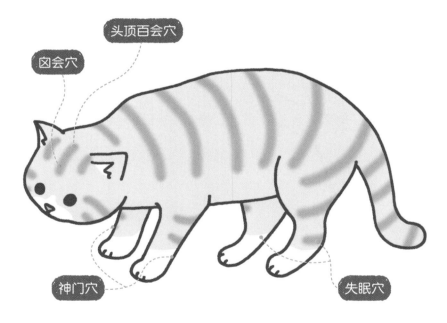

头顶百会穴

囟会穴

神门穴

失眠穴

●**囟会穴**　　　人类的囟会穴位于发际线正中。

　　　　　　　确定猫咪的囟会穴需要想象一下发际线的位置。

●**头顶百会穴**　位于两耳根部连线与后背中线的交汇处。

●**神门穴**　　　位于前足第五指指根的凹陷处。

●**失眠穴**　　　位于后脚跟突出的部位。（左右各一个）

改善睡眠的基础按摩

1 按揉头顶

用双手握住猫咪头部，用拇指由囟会穴按揉至头顶百会穴。

重复
6～10次

2 按摩前肢外侧

从前肢指尖外侧向上按摩前肢。

左右
各6～10次

3 按摩耳部

用手握住耳朵根部，画圈按摩。

左右
各6～10次

4 按压神门穴

用手指按压前肢内侧的神门穴。也可以用棉棒按压。

左右
各6～10次

5 从失眠穴按摩至脚尖

用大拇指从猫咪后肢的失眠穴按摩至脚尖。

左右
各6～10次

小贴士：用牙刷按摩

可以用牙刷对猫咪尾巴根部的一些穴位进行低强度的梳理式按摩。有的猫咪不喜欢被人碰触尾巴，所以按摩时要注意猫咪的反应。

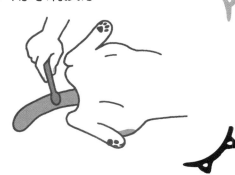

体力下降与倦怠

传统医学认为身体的能量来源于"精气"。肾的精气充盈时，身心充满活力。反之，当肾的精气不足时，储存精气的能力也会随之减弱，无法滋养全身。长期处于这种状态会出现食欲减退、抑郁等问题。按摩可以帮助猫咪补充精气，远离这些困扰。

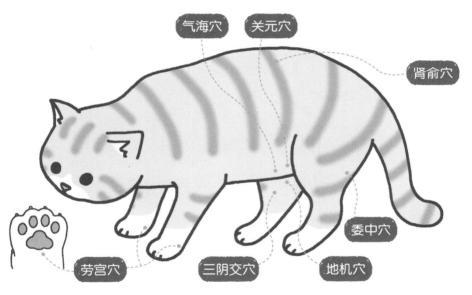

- **● 地机穴** 位于后肢内侧膝关节与脚踝连线上，位于阴陵泉穴下方。（左右各一个）
- **● 劳宫穴** 位于前足肉球根部。（左右各一个）
- **● 肾俞穴** 从最后一根肋骨对应的脊椎骨向后数两节，肾俞穴就位于这块脊椎骨的两侧。（左右各一个）
- **● 气海穴** 位于肚脐与耻骨连线的上 1/3 处。
- **● 关元穴** 位于肚脐与耻骨连线的下 2/5 处。
- **● 三阴交穴** 位于后肢踝关节内侧与膝关节连线的下 2/5 处。（左右各一个）
- **● 委中穴** 位于后肢膝关节后侧中央。（左右各一个）

1 从胸口按揉 至颈部

从胸口向颈部按揉。

重复6～10次

2 从委中穴按摩至 脚跟

从膝关节后侧中央的委中
穴按摩至后脚跟。

左右
各6～10次

3 按摩后肢内侧

从后肢内侧的三阴交穴向
上按摩至地机穴。

左右
各6～10次

按压劳宫穴

按压位于前足肉球根部的劳宫穴。

左右
各6～10次

5 按揉肾俞穴

按揉脊椎两侧的肾俞穴。

左右
各6～10次

6 从气海穴按摩至关元穴

用中指和食指从猫咪肚脐下的气海穴按摩至关元穴。

重复6～10次

耳部问题

　　猫咪频繁挠头或摇头，很有可能是感染了外耳炎等耳部疾病。中医典籍里有"肾开窍于耳"的说法，意思是耳部问题多由肾的虚损引起。肾和耳部有着密切的联系，通过按摩调理肾有助于治疗耳部疾病。

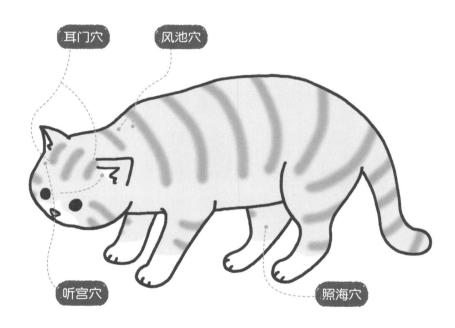

●**耳门穴**　猫咪张大嘴时耳前的凹陷处即为耳门穴所在位置。（左右各一个）

●**听宫穴**　位于耳前的凹陷处。猫咪张大嘴时比较容易找到。（左右各一个）

●**风池穴**　位于脑后头骨下缘浅浅的凹陷处。（左右各一个）

●**照海穴**　位于后肢内侧脚踝下方。（左右各一个）

左右
各6～10次

1 按摩后肢内侧

从趾尖按摩至大腿根部。

2 从腹部按摩至胸部

用手掌从腹部按摩至胸部。

左右
各6～10次

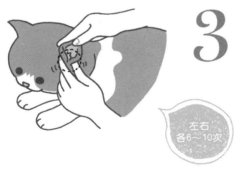

3 按揉耳根

反复按揉耳根部的耳门穴、听宫穴和风池穴。

左右
各6～10次

左右
各6～10次

4 按压照海穴

用手指按压后肢的照海穴。

眼部问题

　　猫咪身体娇小，在地面活动时，垃圾、沙尘、异物很容易进入眼睛，引起各种问题。发现猫咪眼睛充血、眼屎变多时要特别注意。这里为大家介绍了一些按摩手法，用于缓解和改善眼部老化带来的干眼症、结膜炎等问题。

　　※ 不适用于青光眼和角膜炎。

- ●**攒竹穴**　　位于眉头。（左右各一个）
- ●**丝竹空穴**　位于眉尾。（左右各一个）
- ●**睛明穴**　　位于眼头。（左右各一个）
- ●**承泣穴**　　位于眼睛正下方。（左右各一个）

改善眼部问题的基础按摩

左右
各6～10次

1 按摩前肢内侧

从前肢指尖按摩至肘关节。

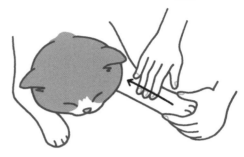

重复6～10次

2 从攒竹穴按摩至丝竹空穴

用拇指或食指从猫咪眉头的攒竹空穴按摩至眉尾的丝竹空穴。

重复6～10次

3 向上提拉眉周

轻轻捏住猫咪眉周的皮肤向上提拉。

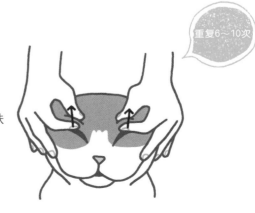

4 按揉睛明穴

反复按揉睛明穴。

重复6~10次

5 按揉承泣穴

从承泣穴按揉至丝竹空穴。

左右
各6~10次

要先帮我把眼睛
周围擦干净再按
摩哦！

前足问题

用四肢行走的动物经常会出现肩肘关节疼痛。这时可以通过刺激肘关节外侧的穴位和淋巴让身体各处的肌肉得到放松，缓解疼痛。

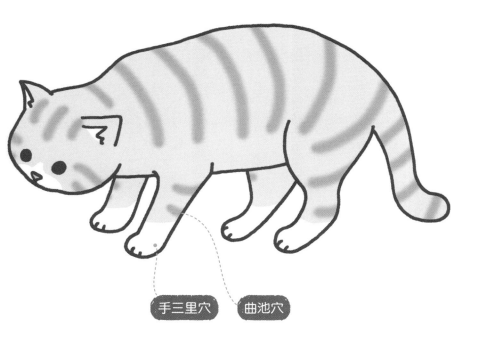

手三里穴　　曲池穴

● **曲池穴**　　位于前肢外侧，肘关节弯曲时出现的横纹外端凹陷处。（左右各一个）
● **手三里穴**　位于前肢外侧，在肘关节与踝关节连线的上 1/6 处。（左右各一个）

左右
各6～10次

1 从指尖按摩至肩部

由指尖至肩部轻轻按摩前肢外侧。

左右
各6～10次

2 按摩肘关节外侧的突出部位

用拇指顺时针按摩肘关节外侧的突出部位。

左右
各6～10次

3 按压手三里穴

用手指按压手三里穴。

左右
各6～10次

4 按压曲池穴

用手指按压曲池穴。

后足问题

　　膝关节、髋关节出现问题时常常令人疼痛难忍，猫咪也是一样。发作时肢体无法弯曲、关节红肿、走路刺痛、持续肿热，在寒冷季节遇凉会进一步加剧疼痛……随着病情进一步发展，不仅是关节，还会影响到支撑关节的肌肉，令肌肉发热肿胀，难以行动。

- ●**大胯穴**　　　位于腹部褶皱根部。（左右各一个）
- ●**阴陵泉穴**　　位于后肢内侧三阴交穴正上方、膝关节下方的凹陷处。（左右各一个）
- ●**涌泉穴**　　　位于后足肉球根部。（左右各一个）
- ●**阳陵泉穴**　　位于后肢外侧，膝关节下方骨头凸起处斜下方的凹陷处。（左右各一个）
- ●**趾间穴**　　　位于后肢各脚趾的根部。（左右各三个）
- ●**腰部百会穴**　位于骨盆横向最宽处连线与脊椎交汇的凹陷处。

1 按摩背部

用整个手掌沿背部前后按摩。

重复
6~10次

2 提拉腹部褶皱

握住腹部左右两侧褶皱根部的大胯穴，向上提拉。

左右
各6~10次

3 按揉阴陵泉穴和阳陵泉穴

用拇指和食指捏住后肢内侧的阴陵泉穴和外侧的阳陵泉穴，轻轻按揉。

左右
各6~10次

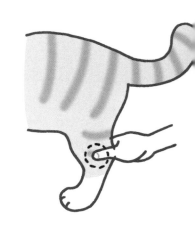

4　按压涌泉穴

用拇指向趾尖方向按压位于后足的涌泉穴。

左右
各6～10次

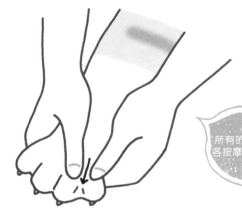

所有的趾间穴
各按摩6～10次

5　按揉趾间穴

用拇指依次按揉后肢各脚趾间的趾间穴。

重复
6～10次

6　按压腰部百会穴

用手指按压腰部的百会穴。

腰痛

　　人们普遍认为，双脚直立行走的动物才会出现腰痛等健康问题，但近年来发现，猫咪也有腰部疾病。年龄增长、肥胖、运动不足、生活环境发生变化，甚至光滑的地板，都会增加猫咪腰部的负担。传统医学认为，腰和肾关系密切。腰部剧烈疼痛时，切忌直接按摩患处，可以选择按摩与患处对应的穴位。

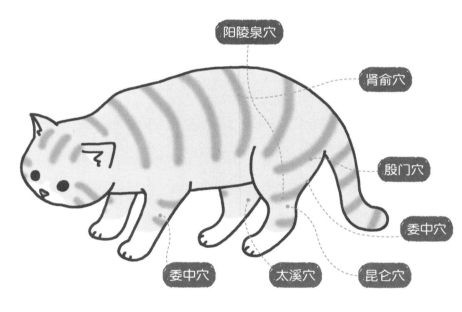

- ●**太溪穴**　位于后肢内侧踝关节后方与跟腱之间的凹陷处。
- ●**昆仑穴**　位于后肢外侧踝关节后方与跟腱之间的凹陷处。
- ●**肾俞穴**　从最后一根肋骨对应的脊椎骨向后数两节，肾俞穴就位于这块脊椎骨的两侧。（左右各一个）
- ●**殷门穴**　位于坐骨末端（骨盆的最后方）与膝关节后方凹陷处连线的中央。
- ●**阳陵泉穴**　位于后肢外侧，膝关节下方骨头凸起处斜下方的凹陷处。（左右各一个）
- ●**委中穴**　位于后肢膝关节后侧中央。

缓解腰部疼痛的基础按摩

1 按摩骨盆

以画圈的手法按摩尾椎周围。

重复
6～10次

2 按揉膀胱经

从大腿根部沿脊椎两侧向前按揉。

左右
各6～10次

3 从膝关节后方按摩至大腿根部

从膝关节后侧按摩至大腿根部。

左右
各6～10次

4 按摩腹部两侧

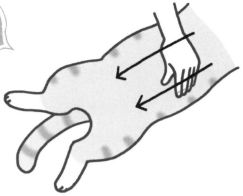

左右
各6~10次

从上往下按摩腹部两侧。

5 按揉太溪穴和昆仑穴

左右
各6~10次

用手指捏住位于后肢两侧的太溪穴和昆仑穴，轻轻按揉。

6 按压肾俞穴

左右
各6~10次

按压脊椎两侧的肾俞穴。

7 按压殷门穴

按压位于大腿后侧的殷门穴。

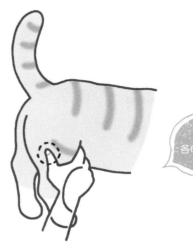

左右
各6～10次

左右
各6～10次

8 按压阳陵泉穴

按压位于后肢外侧的阳陵泉穴。

左右
各6～10次

9 按压委中穴

按压后肢膝关节后侧的委中穴。

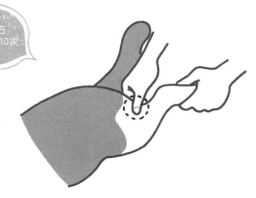

膝关节问题

猫咪体重的负荷主要集中在膝盖上，因此膝盖很容易受到损伤。猫咪经常从高处向下跳，这更增加了膝关节的负担。集中刺激肌肉和关节相连区域以及膝关节内侧，可以有效缓解压力。如果猫咪的走路姿势变得不自然或者屈膝走路时，就要特别留意了。

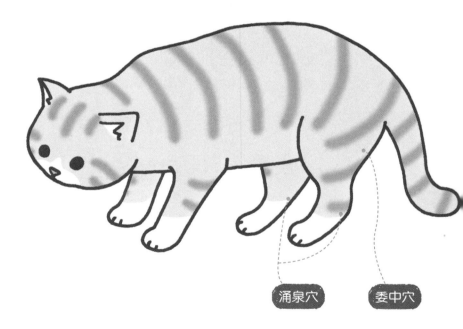

涌泉穴　　委中穴

● **委中穴**　位于膝关节后侧中央。（左右各一个）

● **涌泉穴**　位于后足肉球根部。（左右各一个）

左右
各6～10次

1 按摩后肢

从后肢外侧脚趾开始按摩
至大腿根部。

左右
各6～10次

2 按摩膝盖

用手握住膝盖按揉。

3 按压委中穴

用拇指按压膝关节后侧中
央的委中穴。按摩时，用另
外四指握住猫咪膝盖前部。

4 按压涌泉穴

用拇指向趾尖方向按压位
于后足的涌泉穴。

左右
各6～10次

皮肤问题

如果猫咪不停地抓挠身体或反复舔舐皮肤，就需要注意是否患上了过敏性皮炎等慢性皮肤病。现代医学认为，过敏性皮炎多由室内粉尘、污垢、螨虫、霉菌、花粉、饮食等过敏源以及遗传引起，病因复杂。按摩可以加速猫咪体内有害物质以及代谢废物排出，改善皮肤问题。

缓解病痛的按摩

第4章

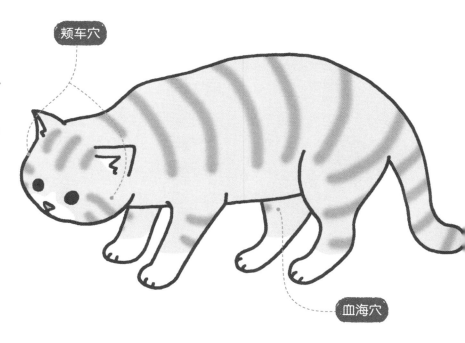

颊车穴

血海穴

●**颊车穴** 位于面部左右两腮上方的凹陷处。（左右各一个）

●**血海穴** 位于膝关节内侧稍稍偏上的凹陷处。（左右各一个）

缓解皮肤问题的基础按摩

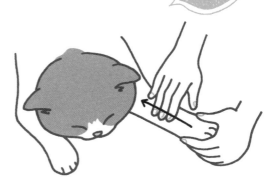

左右
各6～10次

1 按摩前肢外侧

从前肢外侧指尖按摩至肩胛骨。

左右
各6～10次

2 按揉颊车穴

用食指或加上中指由前向后轻轻按揉脸颊处的颊车穴。

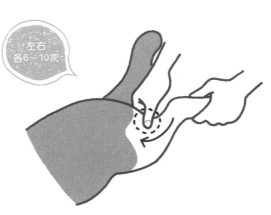

左右
各6～10次

3 按摩后肢

用拇指从膝关节后侧按摩至大腿根部。

左右
各6～10次

4 按压血海穴

按压血海穴。

重复
6～10次

5 提拉全身

用手提拉全身的皮肤并轻轻扭转。

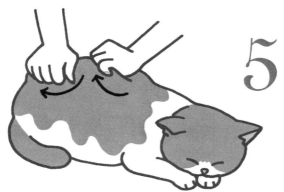

我的舌头
舔不到下巴，记
得帮我清理下巴
周围哦。

感冒

　　从传统医学的角度看，所谓感冒，就是风邪之气侵入体内，引发头痛、发烧、怕冷、身体疼痛、鼻炎、咳嗽等症状。感冒四季多发，尤其多见于早春和冬季。按摩不仅能对治疗感冒起到辅助作用，还可以有效预防感冒。

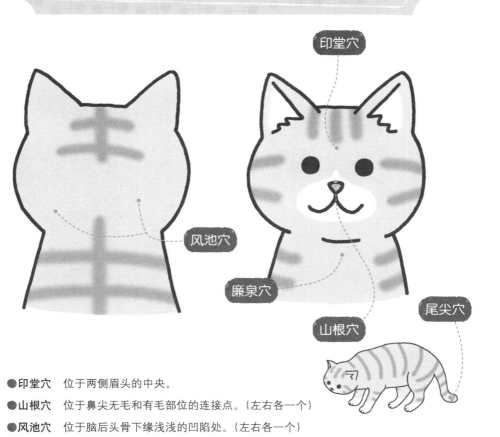

- **印堂穴**　位于两侧眉头的中央。
- **山根穴**　位于鼻尖无毛和有毛部位的连接点。（左右各一个）
- **风池穴**　位于脑后头骨下缘浅浅的凹陷处。（左右各一个）
- **廉泉穴**　位于喉结上方。
- **尾尖穴**　位于尾巴末端。

治 疗 感 冒 的 基 础 按 摩

缓
解
病
痛
的
按
摩

第
4
章

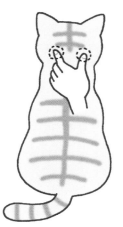

1 按揉风池穴

按揉或用拇指按压左右
两侧的风池穴。

左右
各6～10次

左右
各6～10次

2 从头按摩至背部

从头部后侧按摩至背部。
刺激督脉、膀胱经，可以
提高猫咪的免疫力。

3 按摩前肢外侧

从前肢外侧指尖按摩至
肩部。

左右
各6～10次

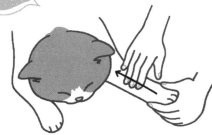

4 从印堂穴按揉至山根穴

用食指从印堂穴按揉至山根穴，可以缓解流鼻涕、鼻塞等症状。

重复
6～10次

5 提拉廉泉穴

提拉下颌廉泉穴周围的皮肤具有镇咳效果。

重复
6～10次

6 牵拉尾尖穴

用一只手握住尾巴根部，另一只手按住尾巴末端的尾尖穴并轻柔向外牵拉。

尾尖穴

图书在版编目(CIP)数据

撸猫才是正经事 / (日)石野孝, (日)相泽爱著 ；
贾超译. —— 海口 ：南海出版公司，2019.9
ISBN 978-7-5442-9586-4

Ⅰ. ①撸… Ⅱ. ①石… ②相… ③贾… Ⅲ. ①猫-驯
养 Ⅳ. ①S829.3

中国版本图书馆CIP数据核字(2019)第054763号

著作权合同登记号　图字：30-2018-088

IYASHI, IYASARERU NEKO MASSAGE
©TAKASHI ISHINO 2013
Originally published in Japan in 2013 by Jitsugyo no Nihon Sha, Ltd.
Chinese (Simplified Character only) translation rights arranged with
Jitsugyo no Nihon Sha, Ltd., through TOHAN CORPORATION, TOKYO.

撸猫才是正经事
〔日〕石野孝　相泽爱 著
贾超 译

出　　版　南海出版公司　　(0898)66568511
　　　　　　海口市海秀中路51号星华大厦五楼　　邮编 570206
发　　行　新经典文化有限公司
　　　　　　电话(010)68423599　　邮箱 editor@readinglife.com
经　　销　新华书店

责任编辑　秦　薇　吕　晴
封面插画　刘晓颖
装帧设计　乡绘本
内文制作　博远文化

印　　刷　北京中科印刷有限公司
开　　本　880毫米×1230毫米　1/32
印　　张　4
字　　数　60千
版　　次　2019年9月第1版
　　　　　　2019年9月第1次印刷
书　　号　ISBN 978-7-5442-9586-4
定　　价　49.50元